\ 見よう、せまろう、とびだそう！ /

しぜんガイドブック

まちのかんさつ

文・写真　林 将之

はじめに

しぜんかんさつって、どんなことをすると思いますか？

ただ、しぜんを「見る」ことがかんさつではありません。

じっくり見たり、さわったり、においをかいだり、分解したり、

いろいろなことをするのが「かんさつ」なのです。楽しそうでしょう？

でも、何からはじめればいいのでしょう？

どこにいけば、生きものを見つけられるのでしょう？

この本は、みなさんがしぜんかんさつをかんたんに楽しむための

ヒントを教えるガイドブックです。

ほるぷ出版

しぜんかんさつのコツ

まち編

いちばん大切なことは、ゆっくり歩くこと

それも、すごくゆっくり歩くことです。すごくゆっくり歩くと、まわりをじっくり見回すことができるので、それまで気づかなかったことがいっぱい見えてきますよ。

生きものがいる、安全な場所をさがす

まちの中は、しぜんの生きものが少なくて、人工のものが多く、車、ゴミ、フンなど、きけんな場所や、きたないものもたくさんあります。まずは安全をかくにんしてから、生きものがいる場所をさがすことが大切です。

五感を使って、
いじってみる

何か生きものやふしぎなものを見つけたら、見るだけではなく、少しいじってみましょう。ぼうでつついたり、あぶなくなければ手でさわってみたり、分解してみたり。おもしろい動きをしたり、意外なさわりごこちがあったり、においがあったりと、五感を使うことで、さまざまな発見や親しみがふえます。

遊び心をもとう

しぜんかんさつは、楽しんでおこなうものです。遊び心をもって、いろんなことをやってみましょう。たとえば、葉っぱを使ってゲームを考えたり、木の実を落としたり、虫にエサをあげたり……。ただし、しぜんをこわしすぎたり、ほかの人にめいわくをかけたりしないよう、気をつけましょう。

まちのしぜんかんさつマップ

コンクリートや人工物でおおわれたまちには、しぜんが少なめですが、よくさがすと、しぜんをかんさつできる場所があります。公園や道路ぞいには、さまざまな植物が植えられ、家や学校の近くで手軽に楽しめることも、まちのよさです。

神社 24ページ

神社のまわりはシイ、カシ、スギなどの林がよく見られ、たて物の下にはアリジゴクがすんでいることも。

がいろじゅ 8ページ

道路ぞいに植えられた木では、花や実、若葉、紅葉、セミなど、四季の変化をよくかんさつできる。

公園 16ページ

さまざまな植物が植えられ、安心してしぜんかんさつができる場所。チョウやハトなどの動物もあつまる。

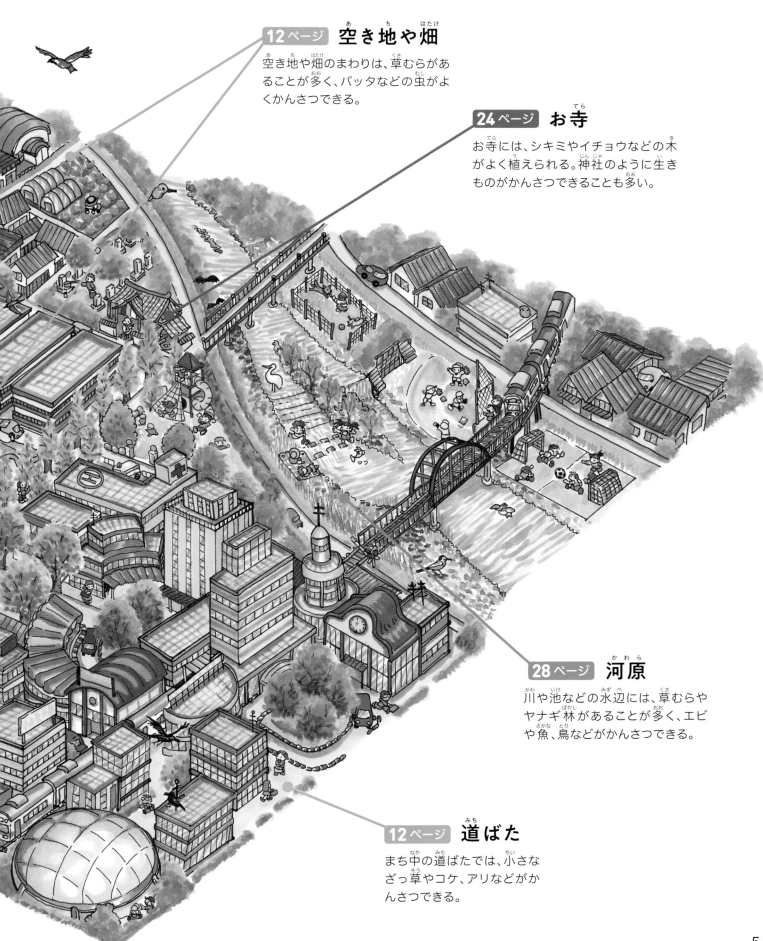

12 ページ 空き地や畑
空き地や畑のまわりは、草むらがあることが多く、バッタなどの虫がよくかんさつできる。

24 ページ お寺
お寺には、シキミやイチョウなどの木がよく植えられる。神社のように生きものがかんさつできることも多い。

28 ページ 河原
川や池などの水辺には、草むらやヤナギ林があることが多く、エビや魚、鳥などがかんさつできる。

12 ページ 道ばた
まち中の道ばたでは、小さなざっ草やコケ、アリなどがかんさつできる。

がいろじゅのイチョウのまわり

道路ぞいに植えられた木のことを、がいろじゅ（街路樹）といいます。がいろじゅは、まちの中でいちばん目立つ植物といえるでしょう。イチョウのがいろじゅのまわりで、しぜんかんさつをしてみると、生きものの種類は少なくても、おもしろいものがいろいろ見つかりました。まちの中でも、たくましく生きる生きものたちを、かんさつできるのです。

カラス

まちでよく見かける鳥。イチョウの実も食べる。

シダやコケ

太い木の幹には、シダやコケがつくこともある。

ノキシノブ

ざっ草

がいろじゅの根元は、ざっ草がよく生える。

カタバミ

ミミズのフン

土のつぶが山になっていれば、ミミズがいるしょうこ。

で、いろいろ見つけたよ！

イチョウの実
イチョウにはオスとメスがあり、メスの木には実（ギンナン）がなる。

イチョウの乳
古いイチョウの木では、枝の下から根のようなものがたれることがあり、乳とよばれる。

イチョウの変わった葉
根元から出た枝では、切れこみが深く多い葉がよくあらわれる。

イチョウの芽生え
木の下の地面で、タネから芽が生えていた。

がいろじゅ

がいろじゅは、まちを緑ゆたかにする木です。日かげをつくったり、火事が広がるのをふせぐ役わりもあります。がいろじゅのようすを、かんさつしてみましょう。

がいろじゅのしげった道は気持ちがいいね

足もとに、花や実が落ちてないかな？

せの低い木も植えられている

ケヤキ

🚩 生きものさがしのポイント

1 近くのがいろじゅが何の木か、しらべてみよう。

2 芽ぶき、花、実、紅葉などの時期を覚えておけば、季節の変化や、年ごとのちがいがよくわかるよ。

3 がいろじゅの根元は、まちの中のきちょうな土の地面。どんな生きものが見られるか、さがしてみよう。

幹のまわりに、何種類の植物が生えているかな？

日本のがいろじゅランキング

日本のがいろじゅで、本数が多い木 10 種類をしょうかいします。

1位 イチョウ
黄葉の美しさナンバー1。都会に多い

2位 サクラ
何といっても春の花がきれい

3位 ケヤキ
おうぎ形の木のすがたが美しい

4位 ハナミズキ
春にさく白やピンクの花がかわいい

5位 トウカエデ
紅葉がきれいな中国のカエデ

6位 クスノキ
明るい緑色の葉で大木になる

7位 ナナカマド
北海道に多く、実も紅葉もまっ赤

8位 モミジ
何といっても秋の紅葉があざやか

9位 モミジバフウ
あたたかい地方でもきれいに紅葉

10位 クロガネモチ
秋に赤い実がなり、西日本で人気

がいろじゅのまわりをちょうさ

がいろじゅのまわりには、低い木の植えこみや、草むらがあったりして、小さなしぜんの世界が広がっていることがある。そこでは、おもしろい植物が生えていたり、アリがいたり、木の赤ちゃんが生えていたりするよ。どんなものが見つかるか、ちょうさしてみよう。

★不気味なコケ

ん？ 何か生えてるぞ

ツツジ（サツキ）

1

ツツジの植えこみの下に、何か植物を見つけたよ。

何だこれ？

2

この変な植物は何!?

やぶれたカサがたくさん！

ゼニゴケ

3

じめじめした日かげによく生えるコケだ。成長すると、やぶれたカサのようなものを出す。

おもしろい形！

コップにつぶが入ってる!?

4

ところどころの葉にコップのようなものがのっており、中のつぶがこぼれて、このゼニゴケがふえるよ。

何か落ちてるよ

がいろじゅの根元に何か落ちてるぞ。

★まち中の
アリ

アメ玉にアリが！

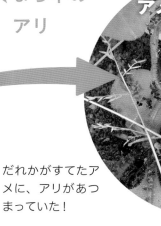

だれかがすてたアメに、アリがあつまっていた！

シマトネリコ

ビルやお店の前、がいろじゅなどに植えられている木。

★がいろじゅの
赤ちゃん

これがタネかも！?

歩道のすき間にタネが落ちていた。

近くのたて物のわきに、赤ちゃんの木がたくさん生えていたよ。

⚠ 注意

まちの中はきけんもいっぱい

◆道路は**車**や**バイク**、**自転車**もたくさん通るので、じゃまにならないようにし、あぶない場所でのかんさつはやめよう。

◆道ぞいは**犬のフン**や**人がはいた物**、**ガラス**などのきけんなゴミも多く、**ネズミの死体**もあるので、さわらないようにしよう。

◆草が立ったまま、かれている場所は、**除草剤**がまかれている可能性が高いので、近づかないようにしよう。

車の多い道

除草剤がまかれてかれた草

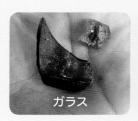
ガラス

電池

ネズミなどの死体

道ばた

まちを歩きながら、道ばたのしぜんをさがしてみましょう。いろいろな庭木、道のすき間に生える草、それらに来る虫など、意外といろいろかんさつできます。

空き地や畑は、入っていいか確認しよう

民家のへいぎわや、はみ出た庭木にも、生きものがいるかも

道ばたの草むらは、虫さがしにぴったり

🚩 生きものさがしのポイント

1 ほそうのすき間などに、いろいろな植物が生えるよ。

2 道ぞいに畑や空き地があると、そのまわりの草むらでバッタなどの虫もかんさつできることが多い。

3 庭木は、外国の木や園芸用に作られた木が多く、しぜんの木とはちがう種類をかんさつできるよ。

カタバミ
ハルジオン
ノゲシ
コケ
ハハコグサ
ヒメムカシヨモギ
タネツケバナ

歩道のブロックのすき間に生えた草。

道ばたや空き地で、どんな生きものがかんさつできるかな？
何種類の動物を見つけることができたかな？
道を歩いて見つかった生きものをならべてみました。

植物

ツメクサ	ネコジャラシ（エノコログサ）	スギナ ／ ツクシ
ほそうのすき間によく生える	ネコがこの実にじゃれて遊ぶ	スギナから春に生えるのがツクシ
ヨモギ	アカメガシワ	イシクラゲ（もの仲間）
葉はもちや団子に入れて食べられる	道ばたによく生える木。若葉が赤い	地面に生え、ぬれるとブヨブヨになる

動物

ミミズを食べるアリ	シジミチョウ（ベニシジミ）	バッタ（イボバッタ）
なぜかミミズは道路でよく死んでいる	花におとずれる小さなチョウ	地面にカモフラージュしたバッタ
虫の死体　カタツムリ　アオドウガネ　ダンゴムシ	トカゲ	ツバメ
死体が見つかることも多い	切れたシッポがしばらく動く	電線によくとまっている

服にひっつく植物

植物の中には、葉っぱや実が服にひっつくものがある。どんな植物が服にひっつくのか、なぜひっつくのか、いろいろためしてかんさつしてみよう。さらさらした化学せんいの服よりも、綿や毛糸の服のほうがよくひっつくよ。

ねばり気のある葉っぱ

ヒラドツツジ（オオムラサキツツジ）

道路や公園によく植えられている大きめのツツジ。春にピンクや白の大きな花がさく。

ねばねばするよ

葉っぱは長さ5cmぐらいで、あざやかな黄緑色。さわると、うらがわが少しねばねばするよ。

こんなにたくさんひっついたよ！

おもしろい！　服にくっつけて遊べるね。

葉をちぎって服におしつけると…

ひっつき虫

草むらを歩くと、服に何かがたくさんひっつくことがある。「ひっつき虫」や「くっつき虫」とよばれる草の実で、いろいろ種類があるよ。人や動物にくっついて、タネを運んでもらう仕組みだ。

トゲトゲのはり

センダングサ

ぼうのような実が、丸くあつまってつく。実の先にトゲがたくさんあり、服にささる。

ざらざらの三角

ヌスビトハギ

三角形の実がつらなってつく。表面にザラザラの毛があり、服によくひっつく。中に丸いマメが入っている。

ハリつきロケット

イノコヅチ

ロケットのような実が、くきにならんでつく。実の横にハリがあり、これが服にささる。

フックつきばくだん

オナモミ

実は、先がフックになったトゲでおおわれる。なげると服にくっつくので、遊びに使うとおもしろい。最近は数がへった。

公園

公園は、まちの中でも安心してしぜんかんさつができる場所です。いろいろな植物が植えられていて、しぜんに近い草むらや林がある場合もあります。

木の幹や葉っぱに虫がいないかな？

花や実があれば、鳥やチョウもよく来る

しばふや、ほそうのすき間はアリのすがよく見つかる

🚩 生きものさがしのポイント

1 日かげや日なたなど、どんな場所があるか、どんな植物があるか、まずはいろいろ見てみよう。

2 花が多い場所や、土がやわらかい場所、草むらや林になっている場所は、虫がいる可能性が高い。

3 池があれば水辺の生きもの（28ページ）もさがしてみよう。

大きな公園ほど、広い森や池があるよ。

公園ではどんな生きものがかんさつできるかな？
野生の生きものと、野生ではない生きものの区別がつくかな？
見つかった生きものをならべてみました。

🍃 植物

アジサイ
大きな葉と6月ごろにさく花が目立つ

サルビア
花のみつをすうとあまい

アベリア（ハナツクバネウツギ）
スズメガ
花は白～ピンクで星形のがくがある

ヒイラギモクセイ
かたいトゲトゲのある葉っぱ

サルスベリ
サルもすべりそうなほど幹がつるつる

ホコリタケ
つぶすとほこり（胞子）出るキノコ

※正確には植物ではなく、きん類

🦋 動物

アゲハチョウ（ナミアゲハ）
黄色と黒の、大きくてきれいなチョウ

ヒシバッタ
ひし形の小さなバッタ

ミツバチ（セイヨウミツバチ）
ツワブキ
花でみつや花ふんをあつめる

カメ（ミシシッピアカミミガメ）
池の石でよく日なたぼっこをする

ハト（ドバト）
エサをあげる人がいる公園に多い

ネコ
鳥やネズミをおそって食べることも

セミさがし

セミは、まち中の公園やがいろじゅにもよく見られ、鳴き声で見つけられるので、かんさつしやすい虫だ。では、セミはどこから来るのかな？　セミのいる公園でかんさつしてみよう。

セミがよく鳴いている公園で…

何だ、このあな？

1

かたい地面に、丸いあなが何こもあいていた。

何かついてる！

2

あたりを見回すと、近くのくいに、セミのぬけがらがいくつもついていたよ。

クマゼミのぬけがら

この公園の木で鳴いているセミのぬけがらだったんだ！

つかまえたよ！

オス　メス

4

おなかにふたのような「腹弁」があるのがオス。ここから鳴き声が出る。

シャーンシャーン

クマゼミ

3

クマゼミは西日本に多く、体も鳴き声も大きい。

まちで見られるセミ

ジ～～～～

各地に多く見られるセミで、羽が茶色い。油でいため物をしているような鳴き声に聞こえる？

アブラゼミ

ミンミンミンミ～

東日本に多いセミで、西日本ではすずしい山などにすむ。羽はとうめいで、体に緑色のもようがある。

ミンミンゼミ

ツクツクボーシ

ジ～～
ジュクジュクジュクボーシ
ツクツクボーシ
ツクツクボーシ
ツクツクウィーヨンス
ツクツクウィーヨンス
ジ～～～

夏の後半に多いセミで、鳴き声がユニーク。体はやや細く、ふつうは緑色のもようがある。

ツクツクボウシ

ニ――――

小さくて、羽にもようがある。高い声で鳴きつづける。ぬけがらも小さく、どろでおおわれている。

ニイニイゼミ

豆知識　セミってどんな虫？

多くのセミの幼虫は、土の中で1～6年ぐらいすごし、夏の夜に地上に出て成虫になるよ（33ページ）。成虫はストローのような口で木のしるをすい、オスだけが鳴いてメスをよぶんだ。セミが好きな木は、セミの種類によってちがうけど、サクラ、ケヤキ、センダンなど。つかまえようとすると、オシッコをしてにげることも多い。セミのしいくは、とてもむずかしい。

土の中で見つけたセミの幼虫

セミの口（※手にのせると、さすこともある）

どんぐりさがし

公園やたて物のまわりにも、どんぐりのなる木が植えられるので、さがしてみよう。多くのどんぐりは、9〜12月にじゅくして落ちるけど、春や夏でも、のこったどんぐりが拾えるよ。まちに特に多いのはマテバシイという木で、どんぐりが大きくて、食べることもできる。

公園に植えられたマテバシイ

マテバシイ

こんもりと丸いすがたの木。葉は1年じゅう緑色で、長さ15cm前後、ギザギザはない。

暗い木の下で、どんぐりが落ちていないか、さがしてみると……

発見!!

こんなにたくさん拾えたよ！

よく見ると、いろんな形のどんぐりがあるね。5月でも、こんなに拾えたよ。

あった！ たくさん落ちているよ。

あみ目
もよう

ウバメガシ
公園や庭によく植えられる。枝を切られることが多いので、どんぐりがつきにくい。

いろいろなどんぐり

秋の公園で拾ったどんぐりを、はこにあつめてみたよ。何種類のどんぐりを見つけられるかな?
(はこの外のどんぐりは、じっさいの大きさ)

横しま
もよう

シラカシ
公園や道路によく植えられ、森にも生える。どんぐりは小さいけどたくさんつく。

あれ? イモムシが出てきたよ。

根が生えたどんぐりも!

あみ目もよう

マテバシイ
公園や道路によく植えられる。どんぐりは大きくて長い。

じくも落ちる

あみ目
もよう

コナラ
森に生え、葉はギザギザが目立つ。どんぐりはたまご形。

イソギンチャクみたい

クヌギ
森に生え、葉は細長い。どんぐりは丸く大きい。

豆知識 **どんぐりから出てくるイモムシ**

森で拾ったどんぐりをしばらくおくと、ずんぐりしたイモムシが出てくることが多い。これはシギゾウムシやハイイロチョッキリの幼虫で、どんぐりを食べて育ち、土にもぐるために外に出てきたものだ。幼虫が出たどんぐりには、あながあいているよ。成虫は、長い口でどんぐりにあなをあけ、中にたまごをうみつける。

どんぐりから出た幼虫

コナラシギゾウムシ

しぜんで遊ぼう

公園に生えている植物などを使って、遊びを考えてみよう。おもちゃや遊具がなくても、しぜんがあれば、いろいろ遊べるし、遊びから何かを発見したり、学べることも多いよ。

★木の皮のパズル

ケヤキ

1

パズルのような、まだらもようの幹を発見。これを使って何かゲームができないかな？

皮を取った部分の色がちがう！

2

木の皮をはがすと、下が茶色だったよ。そうだ、これを使ってパズルゲームをやってみよう！

この木の皮は、どこから取ったでしょう？

どこだろう？向きや色をよく考えないと、なかなかむずかしい。

3

正解!!

ここだ！

4

今度はちがう木でもやってみよう！

★葉っぱの切れこみの数くらべ

ヤツデ

あれ？　じっさいは９つに切れこむ葉が多いぞ。８つに切れこむ葉をさがしてみよう！

あった！

7 8 6 1 5 2 3 4

ヤツデという木の名前は、「八つの手」という意味らしいけど、本当かな？

※モミジなど、ほかの木の葉の切れこみも数えてみよう。

★木の実を落とす

プロペラのような羽がついた木の実は、くるくる回転して風にまうものが多いよ。モミジ、アオギリ、マツ（松ぼっくりの中のタネ）などの実を、高い所から落として遊んでみよう！

イロハモミジの実

プロペラ形の実で、じゅくすと茶色くかんそうして、２つに分かれて落ちる。

（※じっさいの大きさ）

アオギリの実

タネを乗せたボートのような形の実。葉は大きく３〜５つに切れこみ、幹は緑色をおびる。

（※じっさいの大きさ）

くるくる回って落ちるよ！　風が強い日に２階から落としたら、どれくらいとぶだろう？

おもしろい！

23

神社やお寺

神社やお寺の森は、まちの中にのこるきちょうなしぜんです。たて物のまわりで虫が見つかることが多いので、生きものかんさつにもぴったりです。

こういう森にかこまれた神社は生きものが多い

古いたて物には虫がよくいる

石や木に何かついてないかな?

🚩 生きものさがしのポイント

1 木が多く生えた神社やお寺をさがそう。

2 たて物のかべやはしら、屋根の下、とうろうなどに、虫のす、たまご、さなぎなどがついていることが多いよ。

3 たて物のゆか下など、雨の当たらない地面があれば、アリジゴクのす(27ページ)が見つかるかも。

えんがわのまわりも、生きものがよく見つかる。

神社やお寺で、どんな生きものが見つかるかな？
たて物のかべなどについている虫を見つけられたかな？
見つかった虫や植物をならべてみました。

🍃 植物

サカキ
神様にそなえる葉。ツメのような芽がある

ヒサカキ
葉はサカキより小さく、ギザギザがある

シキミ
仏様にそなえる葉。かおりと毒がある

マツ（クロマツ）
けいだいの庭木によく植えられる

ヒノキ
ウロコのような葉。けんちく材に使う木

シダ（ヤブソテツ）
しめった暗い場所はシダが多い

🦋 動物

ガ（シャチホコガ）
かべや木についていることが多い

カマキリのたまご（ハラビロカマキリ）
かべや木の枝についている

トックリバチのす
とっくり形のすにハチの幼虫がいる

アシナガバチのす（古いす）
屋根の下（のき先）でよく見つかる

ガガンボ
日かげやトイレによくいる。ささない

クモのす（ナガコガネグモ）
屋根の下やヤブにすをはる

※ハチがいるすには近づかないようにしよう。

かくれた虫

たて物のまわりは雨が当たりにくいので、ぬれるのをきらう虫がすんでいることが多い。森にかこまれた神社で、たて物のまわりをさがすと、かくれた虫がいろいろ見つかるよ。

★ひもの中にかくれた虫

何だ、このひも？

地面と石の間に、ひものようなものがぶら下がっているのを見つけた。

1

引っぱってみよう

2

ひもをつかんで、ゆっくり上に引っぱってみると・・・

何かいるかな？

3

ふくろのようになった中を、やさしく開いてみよう。

クモがいたよ！

4

ジグモ

あのひもは、地面にすをつくるクモのすだったんだ！
（※ふくろをさわった時や、クモを強くつかんだりすると、かまれることがあるので注意しよう）

26

★土のかたまりにかくれた虫

中に何がいるのかな？

かべに、土のかたまりを発見。何が入っているのかな？　ぼうでこわしてみると……

何か出てきたぞ

幼虫だ！

ドロバチの幼虫

ドロバチというハチの幼虫が入っていた！　エサとなる別のアオムシなどが入っている場合もあるよ。
（※作りかけのすや、さなぎから成虫になる時は、成虫のハチがいる可能性もあるので、注意しよう）

★アリジゴクの正体

アリジゴクのすを発見

雨にぬれないすな地で、すりばち形のくぼみがあれば、アリジゴクのすだ。

アリがすいこまれる！

アリをつまんで落とすと、すなに引きこまれていく！　すのそこにゆびをつっこむと……

これがアリジゴクだ!!

ウスバカゲロウの幼虫

すなの中に、アリジゴクがかくれていた。成虫になると、ウスバカゲロウというトンボににた虫になるんだ。

河原などの水辺

まちの中には、川がよく流れています。河原には、しぜんの草むらや林がしげっていることが多く、まちの中の大しぜんとよべる場所もあります。

かせんじきの草っぱらはバッタや野草がたくさん

これがヤナギの林。運がいいとクワガタがいるかも

中州は大しぜんが広がるけど、わたれない場合も多い

🚩 生きものさがしのポイント

1 まわりに木や草がよく生え、人が近づける道のある川や池をさがそう。

2 橋の上など高い場所は、鳥や魚がかんさつしやすい。水のあさい場所は、エビやヤゴをつかまえやすい。

3 川に入ったり、中州にわたったりするのも楽しいけど、きけんな場所も多いので、大人といっしょに行こう。

中州の河原とヤナギ林。大雨で草木が流された様子などもわかる。

川などの水辺では、どんな生きものがかんさつできるかな？
水辺や明るい草原が好きな虫や鳥がよくあつまるよ。
川の近くで見つかった生きものをならべてみました。

植物

※葉のふちで手を切りやすいので注意。

ヤナギ（カワヤナギ）	クルミ（オニグルミ）	ススキ
水ぎわによく生える木で、葉は細長い	大きな羽形の葉で、実は食べられる	秋にたくさんのほを出す。葉は細長い
チガヤ	クレソン	オオフサモ
土手によく生え、ふわふわのほが目立つ	野菜としても知られる外来種	よく増える外来種で、水ぎわに生える

動物

コイ（カナダモ）	イトトンボ（セスジイトトンボ）	トノサマバッタ
野生のコイは黒っぽい色	体が糸のように細く、色はいろいろ	河原などの明るい草原が好き
カモ（カルガモ）	アオサギ	カワセミ
水面をよく泳いでいる	水辺を歩いて魚やカエルを食べる	きれいな青い鳥。枝の上から魚をねらう

水辺の生きものさがし

川や池の楽しみといえば、水の中の生きものをかんさつすること。まわりに草が生えていて、水がきれいなら、あさい場所でもいろいろな生きものが見つかるよ。

川の石をひっくり返してみよう

何かいるかな？

川のあさせで、水につかっている大きめの石をひっくり返して、うらを見ると……

カゲロウの幼虫

カワゲラの幼虫

何か動いてる！

くっついた小石は何？

トビケラのす

幼虫

さなぎ

小石で作ったすの中に、幼虫やさなぎがいる。

ヒラタドロムシの幼虫

豆知識　川にすむ川虫

カゲロウ、カワゲラ、トビケラの幼虫は川虫ともよばれ、たくさんの種類がいる。成虫は羽があり、川の近くをとびまわり、夜の明かりにも来る。

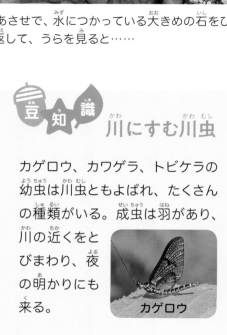

カゲロウ

草の根もとをアミですくってみよう

草の生えた川岸で、草の根もとにアミをつっこんでみよう。

さっとすくい上げて、アミの中を見てみると……

プラスチックの水そう（しいくケース）に入れると、かんさつしやすいよ。

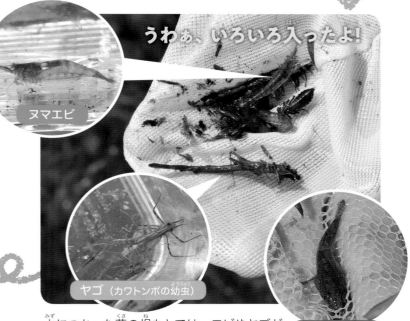

うわぁ、いろいろ入ったよ！

ヌマエビ

ヤゴ（カワトンボの幼虫）

ハゼ（ドンコ）

水につかった草の根もとでは、エビやヤゴがよくつかまるよ。運がいいと魚が入ることも。

注意

川で遊ぶ時に気をつけること

◆大きな川では、**大人といっしょに遊びに行くようにしよう。**

◆**立入禁止の場所、流れが速い場所、深い場所**など、きけんな所に行くのはやめよう。

◆**すべりやすい石**や、ヤブの中の**ハチのす、草木のトゲ、つりばり**などのゴミに注意しよう。

◆上流で大雨がふったり、ダムが放流されたりすると、急に水がふえることがある。流されたり、中州に取りのこされたりするときけんなので、**天気が悪い日には川で遊ばないこと。**

夕方や夜のかんさつ

司じ場所でも、夕方や夜にかんさつすると、ちがうものが見られることがある。暗くなってから活動しはじめる動物や、夜にさく花などがあるからだ。どんな生きものが見られるかな？

★夕空をとぶコウモリ

まち中にも意外とふつうにすんでおり、日がしずんだころから、空をとぶ様子がかんさつできる。

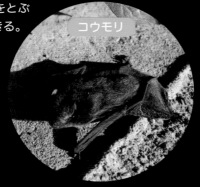

コウモリ

★夜にさく花

夜にさく花は、かおりが強くて、ガがみつをすいに来るものが多いよ。夕方からさきはじめ、朝になるとしぼむ。

カラスウリ

オシロイバナ

⚠ 注意 夕方や夜のかんさつで気をつけること

◆暗い夜道はきけんなので、ライトを持って、大人といっしょにかんさつに行こう。

◆車からよく見えるように、明るい色の服や、光がはんしゃするものを身につけよう。

★鳥があつまる木

ハクセキレイ

水辺によく見られる鳥。ムクドリも、まち中の木をねぐらにすることが多い。

木の上を見たら、鳥がたくさん止まっている！　毎ばんこの木にあつまるので、ねぐらにしているようだ。

ピーピー

チュイチュイ

トウカエデ

がいろじゅの中で、なぜかこの木だけさわがしいぞ？

★がいろじゅの上で鳴く虫

リリリリリリ

アオマツムシ

夏の後半から秋、がいろじゅの上で、きれいな大きな声でなく虫がいたら、きっとこの虫。中国原産だが広く野生化している。

★セミの羽化

セミ（18ページ）の幼虫は、夏の夕方から夜に地中から出て、木の上などで成虫になる（羽化）。もし幼虫を見つけたら、羽化するまでかんさつしてみよう。

1

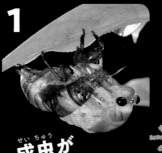

成虫が出はじめた!!

アブラゼミ

2

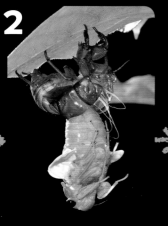

青白い体が、そり返って出てきた。

3

全部出た！　ここまでやく40分。羽がかたまり、色がこくなるまで、セミは朝まで待つよ。

4

若葉と紅葉の色

春

※このページの葉は、ほぼじっさいの大きさです。

春に、木の若葉をかんさつしてみよう。どんな色があるかな？　黄緑色だけでなく、赤やむらさき、茶色、毛をかぶった若葉もある。思った以上に、いろんな若葉があるんだね。

ユリノキ

ナワシログミ

アラカシ

アオキ

タチヤナギ

コナラ

モミ

シャリンバイ

ヒュウガミズキ

ヤマザクラ

シラカシ

シラカシ

チャンチン

カナメモチ

ベニバナトキワマンサク

ノムラモミジ

アカメガシワ

タブノキ

34

秋に、紅葉をかんさつしてみよう。どんな色があるかな？　赤、オレンジ、黄色に、色がまじった葉もある。あまいかおりがする葉っぱもあるよ。

※このページの葉は、じっさいの約80％の大きさです。

カツラ

オオモミジ

ヤマグワ

ケヤキ

ナンキンハゼ

カキノキ

メタセコイア

ハゼノキ
※しるがつくとかぶれる。

イロハモミジ

ツタ

ドウダンツツジ

冬のかんさつ

寒い冬は、しぜんかんさつはできない？　そんなことはないよ。冬は、木の実がたくさんのこっていて、それを食べに鳥が次つぎやって来るし、冬にさく花もある。虫や植物がどうやって冬をこしているか、見てみるのもおもしろい。冬ならではのかんさつを楽しんでみよう。

落ち葉の中を歩く

落ち葉の中に足をつっこんで、ガサガサ音を立てて歩くのも、冬の楽しみ。

冬に赤くなる葉

ヒイラギナンテン

冬に日なたの葉が赤くなり、春になると緑色にもどる木もある。

地面にはりついた草

タンポポのロゼット

道ばたの草は、地面に葉がはりついたロゼットという形で冬をこすよ。

冬にさくサクラ

冬ザクラ
（コブクザクラ）

冬にサクラ！？　とおどろくけど、秋〜冬にさくサクラも何種類かある。

冬を代表する花

サザンカ（カンツバキ）

まち中に多く植えられているピンクのサザンカ。野生のサザンカの花は白。

まちがってさいた花

ユキヤナギ

冬にあたたかい日があると、春の花がさいてしまうこともある（返りざき）。

冬みんする虫

ケヤキの幹とヤスデ

ケヤキの幹の皮をめくったら、ヤスデが丸くなって、冬みんしていた。

冬の花に来るハエ

ヤツデの花とハエ
（ツマグロキンバエ）

クリスマスのころにさくヤツデの花に、寒さに強いハエやアブが来ていた。

冬にわたって来る鳥

ジョウビタキ

秋に中国などの大陸から日本にわたって来て、春にまた帰る鳥もいるよ。

びっしりなった木の実

ピラカンサ

秋に色づいた木の実は、冬の間に鳥に少しずつ食べられていく。

食べられた赤い実

カラスウリ

この実は人が食べてもおいしくないけど、鳥が食べたのかな？

鳥のすを発見！

たぶんカラスが使っていたす

サクラの木に大きな鳥のすを見つけたよ。冬は葉がないので見つけやすい。

玉ネギみたいな芽

ハナミズキ（花芽）

ハナミズキ（9ページ）の冬芽は、玉ネギの形。春にここから花が出る。

ふわふわの芽

コブシ（花芽）

コブシの冬芽は、白い毛につつまれている。ネコヤナギの花にもにている。

ヒツジの顔？

クルミ（オニグルミ）

クルミの冬芽は、ヒツジの顔みたいに見えておもしろい。

注意 まちのきけん生物

× 特にきけん
△ ややきけん

しぜんかんさつをするとき、かならず知っておきたいのが、きけんな生きものです。まちの中でも、毒やトゲをもつ植物が生えていたり、毒をもつ動物がいることがあります。きけん生物の特ちょうをよく覚え、むやみに近づかないようにし、ひがいにあった場合は大人に知らせ、症状がひどいときはすぐに病院に行ったり、くすりを使ったりしましょう。

 植物

ウルシやハゼノキ

きけん性／ハゼノキやヌルデなどウルシ科の木は、葉や枝をきずつけると白いしるが出て、これが皮ふにつくとかぶれることが多い。見られる場所／明るい場所に生える。対策／葉の特ちょう(小さな葉が鳥の羽のようにならんだ形。じくが赤いことが多い)を覚え、しるがついた場合はよくあらい、かぶれたらくすりをぬる。

ハゼノキ

ヌルデ

メリケントキンソウ

きけん性／くきのつけ根に、小さなトゲのある実をつける。気づかずに手や足をつくと、トゲがささって痛い。見られる場所／しばふの中や地面など、人がふみつける場所。対策／この植物がある場所では手や素足をつかない。最近、公園や庭などでふえているので、見つけたら根こそぎぬいてゴミに出し、ふえるのをふせぐ。

メリケントキソウ

実にトゲがあり、じゅくすとばらけ、くつのうらなどにささる。南アメリカ原産。

キョウチクトウなど有毒植物

きけん性／葉や根などに毒をふくむ植物を食べると、おうと、げり、めまい、腹痛、頭痛などをおこす。主な有毒植物／キョウチクトウ、タマサンゴ、ヨウシュヤマゴボウ、チョウセンアサガオ、アジサイ(17ページ)、スイセンなどがまち中で見られる。対策／これらの植物をさわるだけなら平気だが、口にしないように注意する。

キョウチクトウ

タマサンゴ

ヨウシュヤマゴボウ

チョウセンアサガオ

動物

ハチ

きけん性／おしりに毒ばりをもち、さされるととても痛く、はれる。特にスズメバチやアシナガバチは攻撃的で毒も強い。見られる場所／樹液、花、果実、ヤブ、屋根の下、木のうろなど。対策／見つけたらしずかにはなれる。特にすに近づかない。さされたら、ポイズンリムーバー※などで毒をぬき、ひやす。ミツバチ（17ページ）やクマバチは、いたずらしなければささない。

スズメバチ

アシナガバチ

クマバチ

ムカデや毒グモ

きけん性／毒のあるアゴをもち、かまれるとはれて痛む。見られる場所／ムカデはジメジメした暗い場所。外来種のセアカゴケグモは、かわいた人工物のすき間など。対策／見つけてもさわらない。かまれたら、できれば毒をぬき、水あらいする。セアカゴケグモを見つけたら、大人に伝える。

ムカデ

セアカゴケグモ

有毒の毛虫

きけん性／毒のある毛をもつ。イラガやカレハガはさされるととても痛く、はれる。チャドクガは気づかないうちに毒の毛が皮ふにつき、かぶれることが多い。見られる場所／草木の葉、枝、幹など。チャドクガはツバキやサザンカによく発生。対策／植物をさわるときは注意する。ドクガにさされたら、テープをあてるか水あらいして毒の毛をとり、かかないこと。

イラガ（ヒロヘリアオイラガ）

ドクガ（チャドクガ）

カレハガ（マツカレハ）

有毒のヘビ

きけん性／毒のあるきばでかまれると命のきけんもある。ヤマカガシは首の後ろからも毒が出て、目に入るときけん。見られる場所／ヤブ、石のすきま、ジメジメした場所など。対策／毒ヘビがいないかよく注意し、いてもつかまえようとしない。むやみにヤブに入らない。かまれたら救急車をよび、ポイズンリムーバー※などで毒をぬく。

マムシ

ヤマカガシ

※ポイズンリムーバー：毒をすい出すスポイトのような道具。

あとがき

日本は世界有数の人口密度が高い国です。中でも東京は、世界最大級の都市＝まちです。私は東京に隣接する松戸市と川崎市に10年間住んでいました。まちでは、庭のない集合住宅が多く、家の明かりに虫が集まることも少ないので、動植物を観察する機会は限られます。一方で、市街地にも畑や空き地が点在し、公園や街路樹は田舎よりむしろ豊富です。そして、江戸川（本書1ページの写真）や多摩川といった大きな川があり、広大な河原や河川敷がたくさんあることに私は驚きました。まちには、まち特有の自然があるのです。

本シリーズの取材では、そんなまちや、校庭、里山を、小2の息子と観察して回りました。泥遊び中にセミの幼虫を掘り出したり、エビ採り中にドンコを捕まえたりと、息子は次々と予想外のものを発見し、本の内容を予定外に変えてくれました。息子の存在なくして、ここまでの内容は作れなかったでしょう。それだけ、子どもの感性はすばらしく、子どもの時こそ自然にたくさん触れ、感覚を養うことが大事と、私は思っています。

文・写真　林 将之（はやし まさゆき）

1976年、山口県田布施町生まれ。樹木図鑑作家。編集デザイナー。千葉大学園芸学部卒業。幼少時から自然が好きで、虫や魚の観察や飼育に没頭。大学では造園設計を専攻。木の名前を調べるのに苦労した経験をきっかけに、葉で樹木を見わける方法を独学し、実物の葉をスキャナで取り込む方法を発見。全国の森をまわって葉を収集しつつ、鳥や動物の観察も行っている。木や自然について、初心者にも分かりやすく伝えることをテーマに、執筆活動、調査、観察会などに取り組む。主な著書に『校庭のかんさつ』『五感で調べる 木の葉っぱずかん』（ほるぷ出版）、『葉で見わける樹木』（小学館）、『樹木の葉』（山と溪谷社）、『樹皮ハンドブック』『紅葉ハンドブック』『昆虫の食草・食樹ハンドブック（共著）』（文一総合出版）、『葉っぱで調べる身近な樹木図鑑』（主婦の友社）、『葉っぱはなぜこんな形なのか？』（講談社）など多数。樹木鑑定webサイト『このきなんのき』を運営し、木の名前の質問を受け付けている。

[ブックデザイン] 西田美千子
[DTP] 林 将之
[イラスト] 平田美紗子
[昆虫指導] 森上信夫
[写真提供] 森上信夫（セスジイトトンボ、セミの羽化4点）

[取材協力] 林 あろ、中村 進
[参考文献] 『昆虫探検図鑑1600』（全国農村教育協会）、『わが国の街路樹Ⅷ』（国土交通省）

見よう、せまろう、とびだそう！
しぜんガイドブック

まちのかんさつ

2020年2月20日　第1刷発行

著　者　林 将之
発行者　中村宏平
発　行　株式会社ほるぷ出版
　　　　〒101-0051　東京都千代田区神田神保町3-2-6
　　　　電話 03-6261-6691　FAX 03-6261-6692
印　刷　共同印刷株式会社
製　本　株式会社ハッコー製本

ISBN978-4-593-58833-6/NDC460/40P/270×210mm
©Masayuki Hayashi 2020
Printed in Japan